AF313702

NOTICE
SUR LA NATURE

ET

LA DESTRUCTION DE LA TERRE

PAR LES

PUITS ARTÉSIENS.

NOTICE
SUR LA NATURE
ET
LA DESTRUCTION DE LA TERRE
PAR LES
PUITS ARTÉSIENS.

DIVISÉE EN DEUX PARTIES.

LA PREMIÈRE PARTIE COMPREND TOUTE LA TERRE,
SES ÉLÉMENTS, LES SAISONS ET LES ÊTRES,
TELS QUE L'ÊTRE SUPRÈME LES A CRÉÉS.

LA SECONDE PARTIE EST LA DÉGÉNÉRATION DE LA TERRE
ET DES FRUITS DE LA NATURE PAR L'ARTIFICE DE L'HOMME
CONTRE L'OUVRAGE DE DIEU.

PAR JEAN-FRANÇOIS DUBUC, HYDRAULICIEN-POMPIER,

Rue de Bondy, N° 86.

PRIX : 1 FR. 50 CENT.

PARIS,
IMPRIMERIE DE SOUPE, PASSAGE DU PONCEAU, 16-20.

1854.

DUBUC.

HYDRAULICIEN - POMPIER.

POMPES AÉRO - TUBE BREVETÉES

S.G.du G

MÉDAILLE D'ARGENT.   MÉDAILLE D'ARGENT.

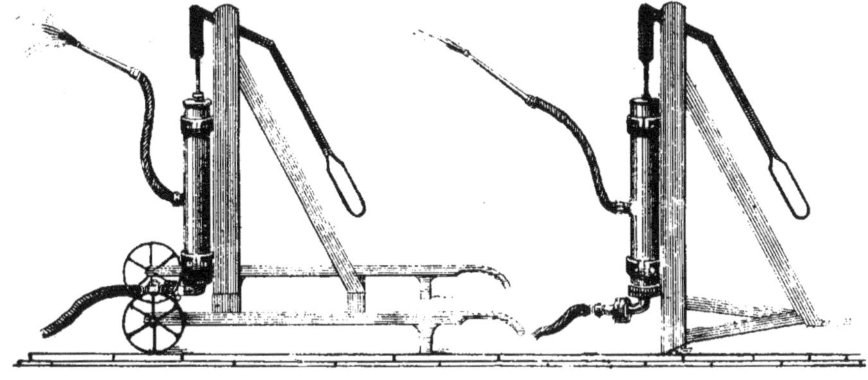
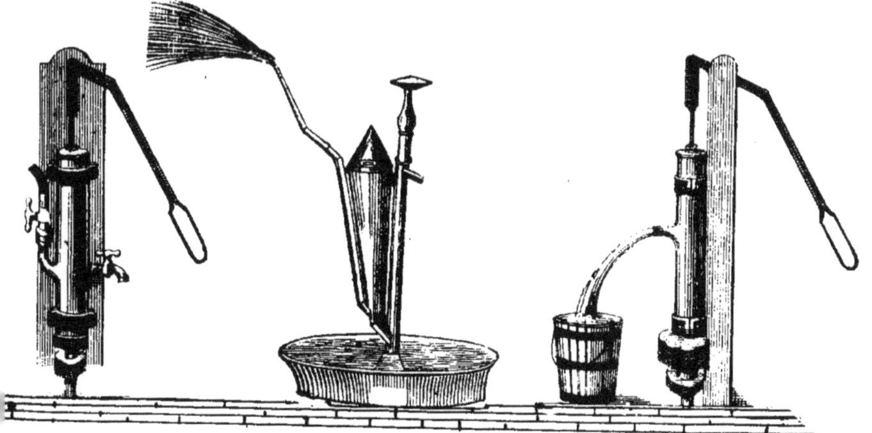

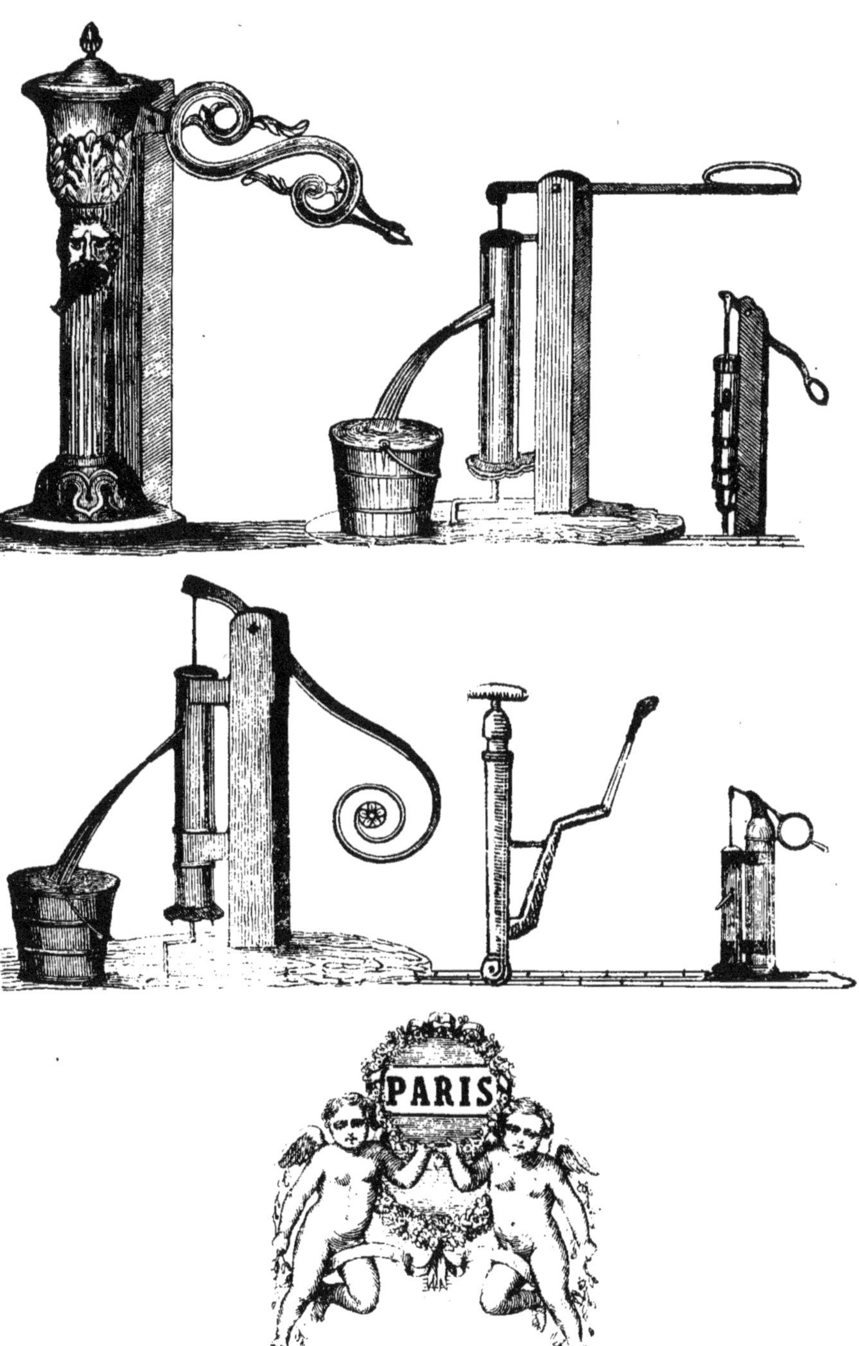

PARIS

DÉDICACE.

Faisant partie des deux Sociétés d'Horticulture de la ville de Paris, et voyant tous les efforts que ces Sociétés font, à chaque séance, pour reconnaître la cause des maladies qui se propagent de plus en plus sur tous les végétaux de la terre.

Je crois avoir trouvé la cause de ces maladies par la pratique de mon état d'hydraulicien. C'est pourquoi, je la dévoile au grand jour à tous les hommes, afin de chercher à pouvoir pénétrer toutes les causes de ce grand fléau.

AVERTISSEMENT.

On pourrait croire que c'est par pure jalousie que je déclame contre les puits artésiens, peuvent-ils me porter ombrage vis-à-vis de toutes les Pompes que j'ai inventées pour réunir tout le service d'eau de tous les ouvrages domestiques et pour se la procurer avec de grandes facilités ? non, loin de là, car les puits artésiens me procurent un grand avantage, sous le rapport que mes Pompes servent à éparpiller leur eau en forme de pluie pour arroser les fruits de la terre.

D'autant plus que bien du monde connaît tout le travail de mes Pompes, après six Brevets d'invention de Pompes jusqu'à ce jour et sept Encouragements remarquables obtenus aux Expositions, par là on peut comprendre que je ne puis avoir de jalousie contre les puits artésiens par la crainte de manquer d'occupation.

Je donne ici un aperçu de toutes les Pompes que je fabrique pour tous les travaux domestiques.

Depuis plus de vingt ans que je professe mon état, je n'ai jamais fait que des Pompes perfectionnées de mes idées ; j'ai commencé par m'appliquer à connaître la pesanteur de l'eau, selon le volume correspondant à la hauteur du parcourt pour servir le monde, puis la lourdeur du poids pour la manœuvre de la pompe.

Après tous mes perfectionnements, je suis arrivé à trouver l'invention de la Pompe appelée, par moi : *la Pompe aréo-tube* ; j'ai fait cette découverte d'après l'analogie du fusil à vent, cette Pompe remplit les fonctions à elle seule de tous les travaux domestiques : placée sur un puits comme les anciennes pompes, elle aspire l'eau et la rend par un robinet pour le service des ménages ; en fermant ce robinet, l'eau prend un autre courant par un tuyau qui conduit l'eau où on le désir, soit pour le service des appartements ou toute autre hauteur, en y ajoutant des tuyaux, à incendies et pour arrosement à plus de cent mètres de distance, et elle donne l'eau en forme de pluie.

Une Pompe à un seul homme lance l'eau jusqu'à 20 mètres de hauteur, et une de la force de quatre hommes jusqu'à 25 à 30 mètres, fournissant un volume d'eau de 120 à 150 litres par minute.

Elles sont montées sur tréteau portatif, sur brouette ou sur toute autre monture pour les sceller en place.

Cette Pompe est déjà connue de toute la France et de toutes les parties du monde les plus éloignées par tous les envois que j'ai déjà faits.

Les deux Sociétés d'Horticulture de la capitale m'ont honoré chacune d'un Prix de Médaille d'argent, au printemps de 1853, sur le mérite de cette Pompe et sur le service qu'elle a déjà rendu à l'Horticulture, depuis trois ans que je l'avais inventée.

AVANT-PROPOS.

Je me propose de donner aux hommes toutes mes réflexions sur la création de la terre, ainsi que sur toutes les merveilles de la nature, telle que Dieu l'a créée, d'après mon Manuscrit que j'ai déposé, le 17 janvier 1853, au Secrétariat de l'Institut, Académie des Sciences; de même que la destruction de cette nature par l'artifice des hommes.

Mais auparavant de démontrer toute l'application que je me suis donnée toute la vie à vouloir pénétrer tout l'ouvrage du Créateur, je ferai connaître au lecteur que je n'ai jamais reçu aucune connaissance ni éducation sur les réflexions que je démontre dans mon Recueil. Ces réflexions sont naturelles, elles datent de mon plus jeune âge; comme je pense que si Dieu m'a doté de ces idées, je dois les mettre à jour avant ma mort pour le bien de l'humanité, afin que les hommes puissent y porter remède, plutôt que d'anéantir entièrement ce bel ouvrage divin.

Il se pourrait cependant que des hommes qui ont acquis beaucoup de connaissances sur cette belle merveille, par la propagation d'origine en origine, jusqu'à nos jours, viennent contester les pensées que je révèle, car il est douteux que mes idées néantes se rencontrent telles que les leurs; mais après tout, je puis toujours propager les miennes au grand jour, afin que tous les hommes en prennent connaissance et voient s'il y a lieu, d'après moi, d'en faire une éducation plus élevée, car je ne donne pas mes idées pour en remontrer aux hommes, au contraire, c'est pour qu'ils fassent des recherches pour éviter tout ce qui pourrait par la suite leur être mortel.

PREMIÈRE PARTIE.

Toute la Terre, ses Éléments, les Saisons et les Êtres, tels que l'Être suprême les a créés.

Avant de donner aux hommes toutes les pensées et toutes les réflexions que j'ai recueillies jusqu'à ce jour sur les éléments de l'eau et sur les phases de la nature, je veux démontrer au lecteur avec quel penchant naturel je me suis livré, depuis ma plus tendre enfance, à vouloir approfondir l'ouvrage du Créateur.

Né en 1802, d'une famille pauvre du village de Guilmécourt, arrondissement de Dieppe, département de la Seine-Inférieure, et n'ayant été que trois à quatre années à l'école rurale, étant encore enfant, pour toute éducation ; dès cette époque, je ne voyais pas comme mes jeunes camarades, le plaisir des jeux enfantins, je n'étais heureux que quand j'étais seul ; j'admirais le jour qui m'éclairait, je contemplais les nuages, le soleil, la terre, les végétaux animaux, je voulais toujours étudier ces merveilles ; un jour, je questionnais mes parents là-dessus, ils me répondirent que c'était Dieu qui avait tout créé, mais qu'il avait défendu d'approfondir ce qu'il avait fait ; malgré la remontrance de mes parents, je ne pouvais m'abstenir de penser à toutes ces belles choses que j'admirais, je pensais toujours qu'il devait y avoir un mystère dans tout ceci, et que l'on pouvait chercher à approfondir ces merveilles sans offenser Dieu.

Plus je venais en âge, j'interrogeais les personnes que je croyais un peu plus éclairées que moi sur ces choses, et d'après ce qu'elles me répondaient, je cherchais à en tirer le plus de profit possible ; mais quand la conception me vint, elle augmenta considérablement le désir de m'instruire sur tous les courants terrestres ; là, je commençais à comprendre tout l'ouvrage du Créateur, mais il fallait me livrer aux travaux pénibles de l'agriculture pour soulager les auteurs de mes jours et pourvoir à ma propre existence ; malgré l'assiduité pour mes travaux pénibles, je pensais toujours embrasser un état qui augmenterait mes connaissances dans l'art de la nature, auquel je m'étais voué depuis mon enfance.

J'avais beaucoup de goût pour le travail hydraulique, d'autant plus que j'avais un Grand-Oncle qui était hydraulicien - pompier, très renommé à Paris, il se nommait DERGNY ; il était le premier inventeur de la Pompe dite *à Béquille*. D'après ce Grand-Oncle, sa profession était bien convenable à mes goûts pour le travail sur les eaux ; j'ai embrassé cet état de famille, je m'y suis livré avec théorie et pratique, tout cela s'accordait parfaitement avec les idées de ma jeunesse. C'est pourquoi, je me propose ici de donner toutes les réflexions et les connaissances que j'ai acquises jusqu'à ce jour, d'après les travaux que j'ai exécutés depuis long-temps sur les eaux naturelles.

Je commencerai par donner quelques explications de la composition de l'intérieur de la terre, qui est la base du mouvement des eaux ; on sait que la terre est composée de terre ferme, dite *terre grasse*, et de terre poreuse ; dans les contrées où existent les terres poreuses, l'eau pluviale filtre au travers cette terre, jusqu'au niveau des mers, en serpentant dans les sources permanentes ; mais la pluie qui tombe dans les bassins de terre grasse, l'eau ne peut s'épancher hors de ces bassins. L'homme a eu l'idée de percer le sol pour se procurer de l'eau ; on appelle *eau de source* les puits qui atteignent les sources, et *eau de pleure*, l'eau des pluits percés dans les bassins de terre grasse ; ces eaux de pleure sont très malsaines, elles sont croupies et corrompues dans leurs bassins sans issue, ni mouvement ; ces eaux pluviales qui roulent sur la terre avant de pénétrer dans l'intérieur, ramassent toutes les sélénites et acrimonies de la surface, entraînent ces sélénites dans les bassins réservoirs et ils empoisonnent ces eaux ; tandis que, au contraire, la pluie qui filtre au travers les terres poreuses, se dégage des sélénites et acrimonies dans son courant dans la terre : mais ces sources courantes sont quelquefois empoisonnées par le débordement de ces bassins d'eaux croupies et corrompues dont je viens de parler.

Pour mieux comprendre le courant des sources dans la terre, je traiterai les sources en deux catégories, sous la dénomination de sources vivantes et de sources mortes ; j'appelle sources vivantes, les sources qui courent toujours dans la terre pour chercher une issue pour sortir, et sources mortes, lorsque ces sources sont dans des conduits immobiles. Ces agglomérations d'eau sont toujours alimentées par les sources vivantes au-dessus de leurs impasses. Cette eau d'agglomération n'est pas malsaine, puisqu'elle se trouve alimentée par les sources vivantes, mais elle n'est pas non plus de première qualité ; l'eau qui est la plus pure est celle qui filtre le plus profondément dans la terre poreuse et serpente le plus loin dans les sources pour trouver une issue à jour dans les montagnes, et qui dans tout son trajet n'a rencontré aucun mélange d'eau de pleure ni de sources mortes, dont je viens de parler.

L'eau de rivière n'est donc que l'eau des sources filtrées qui s'épanche des montagnes ; cette eau ne peut pas être aussi pure que la première dont je viens de parler, puisqu'une seule source peut traverser très avant dans la terre et serpenter bien loin sans rencontrer d'eau malsaine ; tandis qu'une rivière qui est alimentée par tant de sources différentes, il est impossible qu'il ne s'y trouve pas de ces sources mortes, ou le débordement des bassins de ces eaux de pleure ; par-là, on voit qu'il y a des rivières où l'eau est plus ou moins pure, selon les sources qui l'alimentent.

L'eau pluviale devrait être l'eau la plus saine, puisqu'elle provient des évaporations de la terre et est filtrée par l'air ; oui, cette eau est pure de sélénite, parce que ces sels sont plus lourds que l'eau ; l'eau n'a que juste son poids pour pouvoir se maintenir dans l'air au-dessus de l'atmosphère, par conséquent elle ne peut donc entraîner avec elle que quelques acrimonies volatiles du même poids, comme je puis citer pour exemple le tonnerre qui doit être la quintescence du salpêtre (comme l'alcool est la quintescence du vin), et qu'il ne s'enflamme en l'air que quand il est dégagé de son eau, il se trouve plus ou moins compact pour faire les plus

2

grosses ou plus petites détonnations; mais je laisse ces réflexions aux astronomes, et je me renferme dans mes connaissances sur l'eau. Les eaux pluviales, dont j'ai déjà parlé, ne peuvent être que pures de sélénite, mais elles ne peuvent être de première qualité, ne s'infiltrant que dans l'atmosphère; on pourrait l'appeler eau neuve, puisque cette eau qui commence à croître, est née de la surface des eaux de la terre pour s'augmenter dans l'air, en s'agglomérant en nuage, jusqu'à ce que son poids soit assez lourd pour que l'atmosphère ne puisse plus la porter; arrivée à ce point de pesanteur, elle redescend sur la terre : c'est ce que l'on nomme pluie ; mais cette eau qui a été créée en l'air, elle a été créée parmi des êtres que l'on nomme insectes; de ces insectes invisibles à l'œil nu il y en a qui sont nuisibles à l'existence de l'homme, comme il y en a de malades et d'autres qui sont morts ; alors l'eau de pluie qui est créée parmi tous ces animaux de corruption, ne doit pas être saine pour la santé de l'homme. Au sujet des eaux de marres, la nature de ces eaux n'est autre que l'eau pluviale hors les corruptions et les sélénites que cette eau ramasse sur la surface de la terre, et tous les êtres qui y séjournent et meurent dedans la rendent plus ou moins nuisible à la santé de l'homme.

Je prouverai que l'eau est le vivifiant de tous les

êtres de la nature ; je démontrerai en même temps que puisqu'il n'y a que l'eau qui conserve la vie, il faut aussi qu'il y ait des éléments qui donnent la mort à ces êtres pour qu'ils puissent renaître.

Je prouverai aussi plus loin par la voie du raisonnement l'existence des êtres dans la nature, mais je cite ici les éléments qui font exister les êtres par eux-mêmes, qui sont très connus sous les noms astronomiques des quatre éléments :

L'*eau*, le *feu*, l'*air* et la *terre*.

Ainsi, comme je viens de le dire, l'eau n'est que pour conserver la vie à toute la nature.

Le feu n'est que pour avancer la maturité de tous les êtres, en ouvrant tous les pores de la nature.

L'air est par son poids d'environ 33,000 livres de l'ancien calcul, évalué par la théorie physique, pour presser dans tous les sens sur la terre pour faire -entrer le fluide de nourriture dans tous les pores des corps par sa finesse imperceptible.

Et la terre n'est que pour recevoir tous les êtres morts et les reproduire vivants.

Voilà bien le détail de la nature qui compose tous les êtres.

Je vais donc passer à la composition des êtres par

l'organisme de ces éléments, agissant en commun pour opérer et produire ces êtres.

Ainsi, l'eau et l'air sont deux éléments qui ne peuvent se quitter ; l'eau, étant mille fois plus lourde que l'air, ne peut pas quitter la terre ; l'air par sa légèreté volatile se repose doucement sur la surface de l'eau, pénètre la terre par où l'eau passe constamment, sans pour cela l'abandonner.

On conçoit par ce raisonnement que tout ce qui existe d'eau sur la surface du globe, jusqu'au centre de la terre, porte cet énorme poids d'air dont je viens de parler ; mais la surface de cette eau ne peut supporter tant de charge sans qu'elle ne se trouve écrassée, et l'élément du feu qui se trouve être interposé entre ces deux éléments, ouvre les pores de la surface de l'eau et le poids de l'atmosphère brise ces pores en poudre imperceptible, pour que cette poudre d'eau devienne plus légère que l'air atmosphérique et se tienne à son tour au-dessus de cette atmosphère, quand elle s'est ramassée assez épaisse en brouillard, c'est ce qu'on appelle nuages ; jusqu'à ce que ce brouillard s'agglomère en gouttes assez lourdes pour redevenir plus pesant que l'air atmosphérique et vienne de nouveau en pluie sur la terre ; par ce travail naturel, on voit que toute matière qui se trouve plus lourde flotte et que naturellement celle qui est plus légère nage.

Ainsi, cette poudre d'eau, écrassée de la surface de l'eau, s'appelle évaporation.

Les évaporations qui viennent des lacs et des mers, sortent d'une masse d'eau froide que le feu du soleil ne peut pénétrer toute la masse ; les évaporations qui sortent de ces quantités d'eau rafraîchissent l'atmosphère, et celles qui sortent de la terre arrivent à la surface du sol que le feu du soleil chauffe constamment. Cette vapeur, sortant de la terre chaude, réchauffe l'atmosphère et donne une vertu bienfaisante sur la terre.

Mais quand le soleil vient à s'en aller sous l'horizon de la terre, en nous laissant la nuit, sa chaleur n'y est plus pour chauffer l'atmosphère jusqu'au sol, c'est ce que l'on appelle les fraîcheurs de la nuit.

Cette vapeur chaude qui sort de la terre continuellement trouve à sa sortie du sol cette fraîcheur de nuit, alors cette vapeur chaude, entrant dans l'air froid, se contracte ensemble, c'est ce qui fait condenser cette vapeur plus lourde que l'air ne pèse ; ainsi tout ce qui a été condensé plus lourd que l'air reste sur la surface du sol, c'est ce que l'on nomme rosée, et ce qui ne s'est pas condensé, se trouvant plus léger que l'air, nage au-dessus de lui en vapeur.

Il se trouve aussi que l'atmosphère arrive surchargée de vapeur que le soleil a dilatée d'une légèreté et d'une finesse imperceptible durant la chaleur de la durée du jour, que la fraîcheur de la nuit condense une partie de cette vapeur volatile qui vient retomber sur le sol et s'amasse avec la rosée de la terre ; par exemple, plus 'les sources de la terre sont près du sol, plus la rosée est épaisse, puisque l'atmosphère fait sortir l'évaporation plus vite ; dans ces endroits là, les plantes ont plus de vivification.

Ainsi, comme je l'ai démontré à l'élément de l'air, qui agit par son poids sur l'eau avec la dilatation de la chaleur pour en opérer les évaporations.

D'après toutes ces connaissances, on voit que la vapeur qui arrive dans une région plus froide qu'elle n'est naturellement, devient en partie à se condenser ; par-là, il est aisé de comprendre que quand le fond de la terre est plus chaud que l'air qui est sur le sol, les évaporations qui sortent de terre, étant plus chaudes que l'air, se condensent dans cet air froid, jusqu'à ce que cette vapeur arrive au degré de la fraîcheur de l'air ; malgré que le soleil chauffe au-dessus de cet air froid, cette vapeur, devenant épaisse par cette condensation, en se multipliant par ce qui sort toujours de continu de la terre, s'amasse trop lourde d'eau pour monter au-dessus de l'atmosphère, et elle est trop légère pour retomber en pluie sur le sol ; étant arrivée à ce degré de condensation, elle se trouve du même poids que l'air atmosphérique et reste ensemble à nager sur le sol, c'est ce que l'on appelle le brouillard ; il est plus ou moins épais, selon ce que les vapeurs de la terre sont chaudes contre l'air sur le sol, se trouvant plus froid pour en opérer le contact de condensation.

Ce brouillard ne peut se dilater que quand l'ardeur du soleil vient le chauffer de toute sa force pour en diviser les parcelles plus petites, afin que ces gouttes, presque imperceptibles, se trouvent plus légères que l'air pour remonter en nuage, ou que le froid vienne plus intense pour le recondenser peu à peu pour le rendre plus lourd que l'air et retomber sur le sol, ou encore que le vent s'élève pour ramasser toutes ces parcelles d'humidité plus lourdes que le poids de l'air, de manière à ce qu'elles retombent à terre.

La variation des vents ne provient que de la pluie qui tombe ; cette pluie, en passant dans l'air, l'écarte pour prendre son passage ; cet air se trouve refoulé dans les contrées voisines, mais le plus fort de cet air est ce que la pluie foule devant elle, en poussant et en appuyant sur le sol ; cet air, se trouvant pris entre la résistance du sol et le poids de l'eau qui tombe, se trouve comprimé et prend son courant en glissant sur la terre sur le côté où il trouve le moins de résistance de comprimation, c'est-à-dire le côté où la pluie ne tombe pas avec autant d'abondance ; le côté où la pluie tombe davantage, l'eau repousse cet air le long du sol avec une précipitation et en faisant un grand bruit, c'est ce que nous appelons une tempête.

Ces grands vents sont plus forts, selon la masse d'eau qui a tombée.

C'est pourquoi les tempêtes sont plus fortes sur mers que sur terre, parce que l'air glisse avec plus de vitesse sur l'eau qu'il ne peut glisser sur la terre, rapport aussi que les bois et les montagnes en dérangent le courant.

Après avoir expliqué la création et la variation des vents, je reviens à toutes les vapeurs de brouillard qui ont toutes beaucoup d'analogie avec les vapeurs qui font croître la rosée, ainsi que la pluie qui naît de la rosée est pure de toute sélénite, par conséquent toute légère, le premier rayon du soleil qui arrive la chauffe et la redilate en vapeur dans les airs ; mais la pluie de la rosée qui naît de cette vaporation, est la pluie la meilleure pour les fruits de la terre, par sa douce cha-

leur qui ouvre tous les pores des êtres vivants, afin
que le suc qui les nourrit pénètre partout et que l'atmosphère puisse pousser le fluide des êtres morts jetés
dans la terre (le fumier) , et que ce fluide rentre
vivant dans les pores des racines des plantes que l'atmosphère infiltre par son poids, jusqu'aux plus hautes
tiges de ces plantes.

Pour la terre, comme je l'ai dit aux quatre éléments,
elle ne joue pas d'autre rôle dans la nature que pour
faire renaître l'être mort qui redevient vivant.

En examinant toutes ces choses , on voit que le
Créateur a tout fait à la perfection, que rien ne manque
dans le cours des éléments de la nature, comme je viens
de le démontrer ; c'est l'eau qui est le premier élément
et le vivifiant, sans l'eau tout deviendrait à l'état de
corruption ; on le voit par les bassins des mers qui sont
les réservoirs de tous les lavages des corruptions de la
terre, et l'amas de toutes les sélénites que l'eau de la
terre lui envoie.

Mais comme l'Être suprême a voulu en faisant toutes
ces choses que tout soit parfait, il a voulu que ce lavage
de la terre soit constamment renouvelé d'eau neuve et
pure par l'évaporation comme je viens de le décrire :
par cette eau toujours renouvelée sans fin , la terre ne
peut manquer d'être saine, comme les mers ne peuvent

non plus se corrompre par les sélénites que conservent ses eaux.

D'après toutes ces explications, on peut se faire une idée que c'est l'eau qui est le vivifiant de toute la terre et qui donne la vie éternelle ; car depuis tant de siècles que la terre est imprégnée de son eau, et depuis tant de fois que cette eau a fait son évolution des mers sur la terre et de la terre dans les mers, sans jamais faire défaut à la nature, de ne se déranger de son courant régulier, ce qui donne cette grande nature divine qui rend la vie à tous les être, ainsi je le répète, sans l'eau tout serait corrompu.

Mais le lecteur verra, d'après mes réflexions, que rien ne peut se faire sans l'aide des quatre éléments que Dieu a composés pour exécuter son ouvrage divin, il a voulu qu'il y ait cessation de pluie, en donnant à chaque contrée son besoin de sécheresse, afin que le soleil puisse donner son élément sur les fruits de la terre ; mais pendant cette absence de pluie les sources de la terre s'épuisent dans les rivières qui conduisent l'eau dans les mers. les tuyaux des sources, ainsi que les petits tuyaux des pores de la terre étant vides d'eau ; comme l'atmosphère suit toujours l'eau dans la terre par sa pression autant que l'eau est profonde, alors l'air remplit tous ces tuyaux vides, et cet air se corrompt étant renfermé dans ces tuyaux, ce qui produit le moisi pestilentiel ; les évaporations qui passent au travers de ces airs infectés donnent des maladies sur la surface de la terre ; mais quand la pluie revient en pénétrant dans la terre pour remplir tous ces tuyaux vides, cet air si long-temps renfermé dans le moisi de ces cavités, sort à la fois sur le sol et propage des maladies de peste sur toute la contrée où cet air s'évapore.

Mais comme Dieu a créé son ouvrage pour que tout soit naturel dans ce beau travail, il a voulu dans sa création que les veines de la terre ne s'épanchent qu'autant que la même compensation du volume d'eau qui rentre par les évaporations, après les sécheresses toutes naturelles, afin que le soleil vienne compléter la maturité des plantes. L'eau évaporée se trouve toujours en même abondance de pluie pour remplir les cavités faites par ces sécheresses et pour vivifier la terre de toutes les corruptions renfermées.

Mais aussi l'Auteur de la nature a tout prévu dans son ouvrage, il a créé des saisons pour régler tout son travail.

Ces saisons sont ainsi nommées : le *printemps*, l'*été*, l'*automne* et l'*hiver*.

Mais avant d'analyser ces saisons et les services

qu'elles rendent à la nature, il faut que je démontre
l'existence des êtres par eux-mêmes.

Ainsi, tout le monde sait que l'on nomme en termes
vulgaires, deux sortes d'êtres : l'être animé et l'être
inanimé ; l'être animé veut dire *animal*, et l'être
inanimé veut dire *végétal*.

Mais il faut bien concevoir que tous ces êtres n'en
font qu'un dans la nature, depuis le végétal jusqu'à
l'homme ; tout est de la même nature, puisqu'ils se
mangent les uns les autres, selon leur nature d'existence, et ils meurent les uns comme les autres pour
rentrer dans la même nature ; seulement j'observerai
que ces deux sortes d'êtres, expliqués ci-dessus, se
nourrissent différemment les uns des autres, quoique
vivant du produit de la même nature.

D'après ce que l'on voit, l'animal ne peut vivre que
de l'être vivant n'étant pas encore corrompu, et l'être
végétal ne peut vivre que de l'être mort tout corrompu.

D'après ces réflexions, on conçoit que l'on peut
appeler l'être végétal : l'être néant, il est le premier
sur la terre, puisque Dieu ne l'a créé que pour faire
renaître l'être mort qui revient à la vie.

D'après ce raisonnement, on comprendra pourquoi
le Créateur a donné des saisons, c'était afin de compléter son ouvrage sublime.

La création du germe végétal commence à renaître au printemps, quand le soleil commence à se rapprocher de la terre; par la dilatation de sa chaleur qu'il donne sur le sol de la terre, il se rapproche à mesure pour produire plus de chaleur au besoin des plantes, qui grossissent par le fluide de l'être mort qui renaît dans les tiges de ces plantes.

Le fluide se produit dans l'animal, comme dans le végétal, par sa nourriture qui s'infiltre par les petites racines de la panse, où reste son manger, en terme vulgaire ce que l'on nomme tripes; là, on voit que la nature a voulu que l'animal ne mange que de l'être vivant, puisque son corps a de la chaleur pour consommer sa nourriture en liquide, afin que l'atmosphère, pressant au travers les pores du corps, pousse le fluide de la nourriture dans toutes les parties des veines de son corps.

Mais dans toute l'opération de la croissance des êtres, le fluide ne pénètre pas toujours dans toutes les parties de chaque plante, puisque ces plantes ne reçoivent le fluide de leur nourriture que par l'aventure où elle est posée dans la terre, et comme je l'ai déjà observé plus d'une fois, que le végétal est de la même nature que l'animal, selon son existence, c'est-à-dire que chaque plante se nourrit du fluide qui lui est propre.

Ainsi, les plantes qui se trouvent posées dans la terre sur un endroit où il existe un fluide contraire à leur nature, ces plantes ne prennent pas cette nourriture, et si l'atmosphère lui introduit de ce fluide dans ses pores, ces plantes deviennent malades, et leur sève qui est leur sang, se meurt à l'endroit où est infiltré ce fluide qui n'est pas le leur, et finit par faire mourir toute la plante. Comme d'un autre côté, s'il y a quelque empêchement que l'atmosphère ne puisse faire pénétrer son poids sur le fluide pour ne pouvoir faire entrer ce fluide qui est leur nourriture dans leurs racines, alors ces plantes qui ne reçoivent que demi-nourriture pour le germe qui peut y entrer davantage de fluide pour devenir dans toute sa croissance, jusqu'à maturité, alors ces plantes souffrent, elles se dessèchent, leur germe meurt en langueur.

Mais les animaux qui ne peuvent vivre que d'êtres vivants et qui mangent de ces plantes qui ont un venin de ce fluide corrompu dans leur intérieur, que deviennent-ils? ils languissent et meurent de même que ces plantes en langueur.

Mais après que tous ces êtres sont créés, le soleil d'automne se recule de la terre, afin que le froid vienne durcir ces nouveaux êtres et les rende robustes pour pouvoir supporter l'hiver, qui vient avec la gelée détruire tous ces êtres de mauvaise constitution qui gangréneraient tous les êtres, jusqu'au dernier.

Pendant que la gelée purge la terre de tous les êtres corrompus qui ne peuvent la supporter, les nuages gelés en l'air qui retombent en neige sur le sol de la terre et fournissent un amas d'eau pour revivifier la terre et faire renaître de nouveaux êtres au nouveau printemps.

Mais parmi tous ces êtres, Dieu en a créé un qui est par-dessus tous les autres, quoiqu'il n'y ait aucune différence dans la nature d'existence à tous les autres êtres.

C'est être choisi de Dieu : c'est l'homme, il a voulu que l'homme est une pensée et un esprit, et que ses pensées restent en lui toute son existence, ainsi que son esprit, qu'il les dirige à tout pouvoir et à tout comprendre, jusqu'à pénétrer ce que Dieu a fait lui-même, mais il lui a tracé des bornes qu'il ne peut passer ; car l'homme avec toutes ses facultés peut travailler sur l'ouvrage de Dieu, il peut faire produire tous les êtres à son choix, principalement les êtres qui conviennent à sa nourriture ; il va même plus loin dans son pouvoir, il sait, par sa pensée et son esprit, faire varier et mélanger ces êtres créés du travail de Dieu, mais pour en faire croître un seul d'une origine que jamais la terre n'a porté . il ne le peut pas, car ceci est l'ouvrage divin , et Dieu a tout fait, il a tout fini son ouvrage à la perfection pour l'éternité.

Mais je comprends , par exemple, que l'homme peut par sa pensée, son esprit et même par son imprudence, détruire en partie les êtres que Dieu a créés, mais s'il voulait les détruire entièrement, il ne le pourrait pas ; car, en détruisant les êtres que Dieu a créés, il se détruirait lui-même , et les derniers hommes qui resteraient ne seraient pas assez nombreux pour pouvoir continuer le travail destructeur sur l'immensité du globe, et la nature , au bout des siècles , reprendrait son ascendant , et les êtres qui auraient échappés à la destruction reprendraient toute leur vigueur.

D'après toutes mes réflexions , je vois deux choses qui pourraient conduire la terre à sa destruction : c'est le dessolage des bois pour une petite partie, mais l'œuvre du plus grand désastre se serait l'épanchement des veines de la terre dans les mers par l'invention des puits artésiens , d'après lequel je vais traiter en particulier dans la deuxième partie de mon Recueil.

D'après mes expériences , je citerai pour tous exemples les contrées du globe terrestre où le climat est continuellement chauffé par les plus grandes ardeurs du soleil , sous ce climat les êtres se produisent plus vite, mais leur existence n'est pas de si longue durée que dans les contrées où les êtres sont purifiés par la gelée, parce que la grande chaleur tient leurs pores grandement ouverts, et le poids de l'atmosphère fait pénétrer le fluide nourricier avec plus de facilité pour reproduire ; par conséquent, ces êtres tout poreux sont d'une consistance plus fragile, et en se nourrissant les uns des autres se perpétuent le mauvais fluide qui est créé parmi eux, et engendrent ces maladies contagieuses qui existent dans ces contrées.

FIN DE LA PREMIÈRE PARTIE,

DEUXIÈME PARTIE.

La Dégénération de la Terre et des Fruits de la Nature par l'artifice de l'Homme contre l'ouvrage de Dieu.

Tout le monde sait que l'homme a acquis de plus en plus des connaissances et de la civilisation en se perpétuant de génération en génération jusqu'à nos jours, où nous jouissons de cette belle harmonie de la société universelle. Les hommes se soutiennent de tout ce qui peut leur nuire, ils détruisent les êtres qui ne leur sont pas utiles, et font produire les êtres qui les aident à subsister, tout ceci est la plus belle merveille de l'artifice de l'homme sur l'ouvrage de Dieu.

Mais ce n'est toujours que l'ouvrage de l'homme qui falcifie l'œuvre du Créateur; avant cette civilisation, l'homme était naturel comme tous les autres êtres. il vivait de l'ouvrage divin tout naturellement comme les autres êtres; il se contentait de tout ce que Dieu produisait, par ce moyen tout était toujours naturel, tel qu'il l'avait créé: mais l'homme. par sa civilisation et son travail, est venu déranger beaucoup de choses à cette merveille de la nature.

Par exemple, Dieu avait créé des arbres tous vivants, et ces êtres vivants produisaient des forêts par leurs germes, qui abritaient la terre et la tenaient toujours humide contre le feu du soleil ; par ce moyen, la terre abritée et humide, avec l'action du soleil, fécondait les êtres, et ces forêts tenaient une barrière entre la terre et les mers, afin que l'air ne puisse continuellement chasser l'évaporation glaciale des mers sur la terre ; de même que l'air ne puisse chasser l'évaporation chaude de la terre dans les mers. Maintenant que les hommes ont détruit cette donnée de la nature suprême, à présent plus d'abri sur la terre, l'évaporation des mers pousse tout directement son eau glaciale sur la terre, tant que les vents sont de mer, et tant que ces vents sont de mer, ces pluies durent sans interruption et continuellement refroidissent la terre ; de même, si les vents sont de terre, les évaporations de terre sont poussées dans les mers jusqu'à ce que la terre soit épuisée d'évaporation, puisque les forêts n'y sont plus pour arrêter le courant de l'air.

Depuis cette désorganisation occasionnée par l'artifice de l'homme, la terre est trop sèche ou couverte de pluies abondantes, ou bien, il faudrait que les vents soient très variables pour pousser et repousser les pluies de temps à autre.

Mais ce mouvement d'air, allant de la terre dans les mers et des mers dans la terre, donnerait un climat froid et chaud qui ne serait plus la température naturelle que Dieu a créée.

Par ce raisonnement, on voit que l'homme a déjà dérangé le courant naturel du travail de l'Être suprême par son imprudence, comme je l'ai démontré dans la première partie de mon Recueil; Dieu a créé des êtres naturels que pour nourrir des êtres, et parmi tous ces êtres, il a doté l'homme de facultés intellectuelles qui le mettent au-dessus de tous les animaux, afin de pénétrer tout le bienfait de son ouvrage, avec la facilité de pouvoir détruire et reproduire, même les varier, les mélanger et s'en approprier pour tout ce qui lui est nécessaire.

Alors, on voit que l'homme est l'être favori de Dieu, puisqu'il lui a donné cette faculté de comprendre tout son travail, jusqu'à pouvoir le décomposer et recomposer, afin d'en pouvoir reconnaître tout le mystère.

Mais qu'importe à la nature que l'homme détruise des êtres pour en faire renaître d'autres qui lui conviennent pour ses besoins, hors le crime de détruire son semblable, afin que tous les hommes existent et s'entr'aident ; *à part l'homme,* je le répète, que ce soit un être qui vive ou que s'en soit un autre, cela ne dérange rien dans le courant de cette belle merveille ; au contraire, si Dieu a donné ces connaissances à l'homme, ce n'est que pour lui démontrer les charmes de son bel ouvrage.

Mais comme je l'ai déjà dit, l'homme a propagé ses connaissances d'origine en origine, jusqu'à même en dépasser les bornes, en abusant de ses connaissances sur l'ouvrage de Dieu, ce que j'expliquerai plus loin. Mais je vais démontrer auparavant le commencement de l'homme à l'état naturel comme les autres êtres, c'est-à-dire tel que Dieu l'avait créé.

Ainsi, avant que l'homme n'eût acquis toutes ces connaissances, il était naturel comme les autres êtres, il n'avait pas encore connu le fer pour saper les forêts et creuser la terre, il ne pouvait toucher en rien à l'ouvrage de Dieu ; il vivait du produit de la terre, telle que Dieu l'avait créée ; il n'avait que ses mains pour cueillir tous les êtres qui lui donnaient sa nourriture ; comme quand il avait besoin d'eau, il fallait qu'il aille au bas des coteaux en prendre aux sources qui s'épanchent naturellement de ce que la terre a de trop dans ses veines, ou en prendre dans les fosses creuses de la terre qui conservent la pluie, ce que nous appelons *marres.*

Mais l'homme a pensé qu'il devait y avoir des réservoirs dans la terre par les égoûts de la pluie qui la traverse; d'après ces réflexions, il creusa la terre avec le fer, et il y trouva des sources filtrées qui sont celles qui vont déboucher à la sortie des montagnes.

Alors, sitôt cette découverte, l'idée de creuser des puits a été trouvée; tout le monde en a fait pour sa plus grande commodité, plutôt que d'aller chercher l'eau au bas des montagnes, qui ne sort de terre que par la création de la nature qui a tracé son courant régulier.

Mais quoique l'homme soit bien supérieur à tous les autres êtres, il ne réfléchit pas qu'en prenant l'eau du fond de la terre par ces puits faits par l'artifice de son génie, qu'il anéantit l'œuvre de Dieu; il ne sait donc pas que chaque seau d'eau qu'il tire de la terre, il abrège l'existence des êtres de la nature; il est bon qu'il sache que s'il tire cent litres d'eau du sein de la terre, c'est cent litres de vide dans les conduits intérieurs, et que ce creux se trouve rempli par l'air que l'atmosphère presse continuellement sans désemparer, comme je l'ai déjà expliqué; que cet air, renfermé dans ces cavités, se corrompt et se moisit; les évaporations qui en sortent, donnent des maladies; de même, quand les pluies viennent remplir toutes ces cavités.

l'air reprend le dessus pour en sortir tout a la fois sur le sol, et il empoisonne toute la surface de la terre de son air corrompu.

Si le travail de l'homme n'allait pas plus loin que de tirer l'eau de la terre par le moyen des puits de première source, cela ne pourrait pas occasionner une grande destruction sur cette belle merveille de la création de Dieu, parce que l'homme ne soutire toujours de cette terre que ce qu'il a besoin pour son existence; ce n'est pas ce qu'il consomme qui fait de bien grandes cavités dans l'intérieur de la terre pour fournir une peste totale sur toute une contrée, puisque les pluies viennent à leur tour assez en abondance pour laver ce commencement de corruption.

On comprendra, d'après ce que je viens de démontrer, que l'homme a commencé son travail destructeur sur le chef-d'œuvre divin, mais ce commencement ne pouvait devenir l'anéantissement complet de ce que Dieu avait créé; ainsi l'homme à force de pénétrer dans ses idées, il est arrivé au comble de son pouvoir, car il fallait qu'il frappe l'ouvrage de Dieu au cœur pour arriver à la destruction totale de cet ouvrage divin.

Enfin, je dirai que l'homme y est arrivé; le jour où il a eu la pensée de perforer les veines de la terre,

jusqu'à en trancher toutes les artères pour en faire
sortir tout le vivifiant qui s'épanche dans les mers ;
comparativement à un médecin qui saignerait un corps
en bonne santé et qui laisserait ce corps abandonné à
lui-même ; ce corps que deviendrait-il, quand tout
son vivifiant serait épanché ? il deviendrait un cadavre :
de même que l'on fasse un trou au bas d'un sapin qui
aille jusqu'au cœur, pour faire couler son vivifiant,
pour en tirer la résine, et après cet arbre ne deviendra plus qu'un être tout desséché.

Ainsi, qu'est-ce que c'est donc que la terre ? comme
je l'ai démontré ; la terre, c'est une mère de famille
qui fait ressusciter tous les êtres morts et qui nourrit
tous les êtres vivants. Comme on voit, en faisant couler
ses veines que deviendra-t-elle ? elle deviendra un être
mort, tout desséché et tout corrompu.

Il est aisé de comprendre que l'eau qui s'épanche
continuellement de la terre par les puits artésiens, qui
sont alimentés par les sources qui viennent des endroits plus élevés que l'embouchure de ces puits, qui
épanchent cette eau courante dans les rivières et de là
dans les mers ; comme je dis, les sources qui alimentent l'orifice de ces puits, venant des hauteurs plus
élevées, alors cette eau dans ces sources pèse de tout
son poids, et en sus de son poids, il y a par-dessus le

poids de 33,000 livres d'atmosphère ; c'est ce poids énorme qui précipite toutes ces sources par leur pente à l'orifice des puits artésiens.

D'après ce que je viens de démontrer sur le courant des sources souterraines qui alimentent les puits artésiens, on peut comprendre que le courant continu de ces sources, depuis la surface de la terre, jusqu'à l'épanchement de ces puits, que la terre se trouvera de plus en plus dégradée par l'entraînement du courant, tant que par le conduit des sources que par les pores de la terre où passe le courant d'air ; comme je l'ai déjà expliqué plus d'une fois, l'atmosphère est toujours infiltrée dans les pores de la terre jusqu'où il y a de l'eau ; l'air ne peut traverser l'eau, puisque c'est elle qui le porte ; là on voit que la partie d'atmosphère qui presse sur les sources courantes qui alimentent les puits artésiens, suit également le courant de ces sources ; alors ce courant d'air qui passe au travers les pores de la terre, descend aussi rapidement à travers ces pores que ce qui pousse sur ces sources, puisqu'il faut qu'il y entre autant de litres d'air comme il en sort de litres d'eau, ou sans la pression de cet air, rien ne sortirait ; comparativement à un tonneau plein d'eau que l'on perce un trou au bas, il ne peut rien sortir, parce que le poids de l'atmosphère qui pèse sur ce trou empêche l'eau de sortir, et si l'on perce un deuxième trou au-dessus pour que l'air puisse y entrer, il ne sortira de litres d'eau par en bas qu'autant qu'il y aura entré de litres d'air par le trou du haut.

On voit par cette comparaison que l'eau du courant des sources qui alimentent les puits artésiens, attire l'air de dessus le sol de la terre, avec autant de force comme cette eau pèse dans la pente de son courant, puisqu'il faut qu'il y entre autant d'air comme il en sort d'eau ; l'opération de ce fort courant d'air, en traversant les pores de la terre, entraîne avec lui tout l'eau pluviale au courant de ces sources, en suçant tout l'eau de la terre.

D'après tous ces ravages que ces puits occasionnent en faisant couler les veines de la terre, comment la plante peut-elle croître ? puisque ce poids d'air qui pèse sur la terre n'a été créé par l'ouvrage de Dieu que pour opérer l'évaporation des eaux et pour presser sur la nourriture des êtres vivants, afin par ce poids d'infiltrer le fluide de la nourriture dans tous leurs membres, et à mesure que les plantes grossissent, c'est le fluide mort de ces êtres qui est leur manger, qui les grossit en rentrant par les pores des racines, et ce fluide mort redevient vivant, ce qui prouve que toute la plante est recréée.

Ainsi, il est aisé de voir, d'après cette description, que l'air ne trouvant plus d'appui sur la terre, ne peut plus pousser le fluide dans les racines des plantes; au contraire, par ce courant d'air perpétuel qui passe au travers ces plantes, ainsi qu'au travers de leurs racines; cet air entraîne par son courant tout ce fluide, plutôt que de leur introduire.

Par exemple, les contrées qui possèdent des bassins de terre grasse, où l'eau n'a pas d'issue pour sortir, alors ces contrées sont garanties du courant des sources artésiennes, par conséquent pas de courant d'air dans la racine des plantes; alors dans ces contrées les plantes poussent de toute la plénitude de la nature, telles que l'Être suprême les a créées. Hors, toutes ces corruptions, évaporées dans l'atmosphère des lieux infectés, donnent des maladies, principalement sur les plantes de hautes tiges, telles que treilles, arbrisseaux, qui reçoivent les rosées de ces évaporations empoisonnées.

On commence déjà à s'apercevoir de cette dégradation faite par l'artifice des hommes sur l'ouvrage du Créateur, en voyant ces maladies qui se gangrènent dans les êtres par la contagion, et d'après ce que j'ai dit sur l'alimentation des plantes. Oui, je le répète, on le voit par les maladies sur la pomme de terre, la betterave, la carotte, jusqu'aux fraisiers, ainsi que les

plantes de hautes tiges, telles que la vigne, la cerise
et bien d'autres, peut-être jusqu'aux plantes de pâture
pour les bestiaux, que l'on ne fait pas de remarque,
puisque ces bestiaux sont également atteints de maladies et aussi jusqu'à l'homme ; cela ne peut pas être
autrement, en mangeant ces êtres souffrants du fluide
mort et corrompu renfermé dans leur corps ; comme
d'après ce que j'ai dit, puisqu'il faut que l'être animal
ne mange que de l'être vivant pour vivre.

La découverte de ces puits artésiens ne date encore
que de nos jours, mais que deviendra donc la terre à
à la suite des siècles, par tous ces courant de dégradations, depuis le sol jusqu'au fond de la terre, agrandis
de plus en plus, tant il y aura de l'eau à couler, et on
s'apercevra de l'élargissement des pores de la terre à
vue d'œil par le courant d'air ; on conçoit que d'après
ces réflexions, la terre ne sera plus qu'un crible.

Et dans ces cavités toutes dégradées que l'air à
rempli la place de tous ces souterrains, cet air à la
suite du temps ne deviendra plus qu'une putréfaction
et de moisissure, puisque nous n'avons toujours que la
même quantité d'évaporation que fourni la pluie pour
laver les corruptions de la terre, il ne peut s'en éva-
porer davantage, puisque l'atmosphère ne pèse toujours
que son même poids pour écraser la surface de l'eau

en vapeur; ainsi cette quantité naturelle de pluie ne pourra plus suffire pour laver toutes ces corruptions créées dans les cavités de toutes ces dégradations renfermées dans la terre; au contraire, la pluie n'étant pas assez volumineuse pour éteindre autant de terre altérée. Cette terre, recevant cette pluie avec effervescence, la renverra en brouillard pestilentiel sur le sol au travers ses pores ouverts, et ce brouillard empoisonné fera tout périr.

D'après toutes les analyses de ce grand désastre, il pourrait se trouver des personnes peu attentives et en même temps sans aucune idée de pratique, qui diraient pour si peu de puits artésiens qui existent, est-ce que c'est eux qui produiront tous ces désastres. Sans être un esprit bien pénétrant, il est de mon devoir de donner ici toutes mes idées pour prévenir ce grand fléau, et je crois que mes réflexions sont justes et réelles; car il faut bien se persuader que chaque puits artésien est alimenté d'un courant de toutes les sources des terrains plus élevés, c'est là où ils s'épanchent, alors ces sources qui l'alimentent, peuvent avoir des cents lieues de surface, et que chaque puits fourni en moyenne des cents mille litres d'eau par vingt-quatre heures; la France est parsemée d'endroit en endroit de cette sorte de puits; ainsi je demande quel ravage cela doit produire de tous ces millions de litres d'eau qui sortent de la terre, et ces millions de livres d'air qui y rentrent en brisant les racines et même les tiges des plantes pour passer continuellement à travers les pores de la terre, en entraînant le suc vivifiant de ces plantes.

Je vais même plus loin, d'après cette désorganisation de la nature de Dieu, je dirai même qu'elle va jusqu'à déranger notre atmosphère ; comme je l'ai dit au sujet des quatre saisons, que l'hiver n'était créé par l'Être suprême que pour faire mourir tous les êtres malades qui devenaient nuisibles à l'homme.

En les faisant périr par la gélée et en gelant les nuages en l'air pour procurer une avance d'eau pour le nouveau printemps pour revivifier la terre. Mais quand les étés sont très secs, les pluits artésiens soutirent tout l'eau de la terre pendant qu'il ne tombe plus de pluie pour remplacer l'eau qui s'épanche par ces puits artésiens, alors la terre est privée de son eau. Cette terre desséchée devient donc comme de la chaux vive, puisque quand les pluies de l'automne arrivent pour revivifier la terre, cette terre allumée reçoit la pluie dans ses pores par le courant d'air des puits artésiens, dont j'ai déjà parlé, qui entraîne dans le fond de la terre avec vivacité : mais cette terre altérée s'empare de cette pluie avec effervescence qui jette une vapeur chaude (comme la chaux qui s'éteint), et chauffe l'atmosphère par cette chaleur des vapeurs malsaines qui sortent de la terre. jusqu'à ce que toute la terre soit tout à fait trempée et imbibée à fond. Il faut une partie de l'hiver pour que la terre soit imbibée et rafraîchie à fond ; il ne peut pas geler. puisque ces vapeurs chaudes chauffent toujours les nuages ; mais la terre ne se trouvant rafraîchie qu'à l'arrivée du printemps, cette terre froide commence à faire geler l'atmosphère : ces vapeurs chaudes ont reculé l'hiver hors de sa saison , la gelée veut prendre. mais il est trop tard, puisque le printemps arrive avec l'élément du soleil qui se rapproche de la terre pour donner sa chaleur et faire ouvrir les pores des plantes pour recommencer leur nouvelle croissance. alors l'hiver par la terre froide arrive en même temps que le printemps et se gênent l'un et l'autre , ce qui fait un mélange de chaud et de froid qui n'est plus la température naturelle que Dieu a créée. puisque le printemps arrive pour préparer les plantes à reproduire, et que l'hiver est là pour détruire ce qu'il ne peut pas vivre : ainsi l'hiver détruit ce que le printemps produit.

Mais s'il arrive que les vents restent de mer, en partie tout un été. alors ces vents de mer poussent les évaporations glaciales de la surface des eaux en grande quantité qui imbibent la terre jusqu'aux sources, et la terre se trouve revivifier par cette eau, quoique froide, venant des masses d'eau des mers; mais les plantes souffrent de ces étés pluvieux par le froid, puisque la chaleur du soleil ne peut pénétrer au travers ces pluies pour donner son élément sur les plantes.

Mais d'après les saisons de ces étés pluvieux, la terre est donc préparée pour l'hiver, vu que la terre se trouve imbibée jusqu'au sol, il n'y a plus d'air enfermé dans les cavités intérieures, ni de vapeur chaude à en sortir; l'hiver arrive à sa saison. lorsque le soleil se recule de la terre, cette terre froide fait geler tous les êtres qui ne peuvent vivre, jusqu'aux nuages qui gèlent pour redonner de l'eau au nouveau printemps pour revivifier la terre.

Ainsi, après ces hivers, le nouveau printemps qui arrive est donc purgé de toute corruption de ces êtres malades qui empoisonnent toute la nature.

Voilà donc la terre revenue à la vie par cette vivification de l'eau et la purification de la gelée : les êtres qui naissent de ces printemps viennent en parfaite maturité de tout ce que la nature peut produire, si l'élément du soleil leur est propice ; c'est-à-dire si ces étés ne sont pas pluvieux, par les vents de mer dont je viens de parler, puisque ces vents ne peuvent apporter que les évaporations d'eau.

D'après toutes mes explications très naturelles de toutes mes pensées, on aurait tort de croire que les puits artésiens ne s'épanchent à la surface du sol que par une concentralisation d'air de gaz renfermé dans le centre de la terre, que ce serait cette pression de gaz concentré qui presserait sur l'eau dans ces souterrains pour la faire jaillir par l'orifice de ces puits artésiens; mais ceci ne pourrait être que de fausses idées, dont on pourrait facilement se convaincre, car si cela était, il y aurait plus de la moitié de ces puits qui ne fonctionneraient plus, puisque l'eau qui se vide de ces souterrains diminuerait la compression à mesure que l'eau se viderait, et l'eau de ces puits ne pourrait plus monter, à moins que ce gaz augmente toujours pour entretenir la même force de compression. On pourrait encore croire que cela pourrait arriver par un effet du hasard; mais pour qu'il en soit ainsi, il faudrait que ce gaz opère sur tous ces puits, cela n'est pas possible, car cette compression ne serait pas toujours régulière par toute la terre pour presser sur tous ces puits, et il y en aurait plus de la moitié qui ne pourrait fonctionner qu'un certain temps, jusqu'à ce que ce gaz soit évaporé dans la terre, ou comme je viens de dire, par le vide de l'eau ; d'autant plus que si c'était le gaz qui fasse compression sur l'eau pour opérer l'ascension de ces puits, on verrait l'eau jaillir avec une force incroyable au moment où le foreur de ces puits arriverait avec sa sonde pour percer ces souterrains comprimés, ce qui opérerait même une détonnation.

D'un autre côté, si c'était le gaz concentré qui opère cette force de compression, cet énorme poids d'eau à soulever tout ce que contient la hauteur d'un puits artésien, cette force serait considérable ; je ne puis prendre le poids de cette colonne d'eau que dans la moyenne de ces puits, vu que ces puits ne sont pas égaux de profondeur, comme je l'ai expliqué dans mon Recueil, qu'il faut perforer la terre jusqu'à trouver les sources d'une pente plus élevée que l'orifice de ces puits, afin que ces sources puissent s'écouler par leur pente de hauteur ; ainsi, je prends pour moyenne de ces puits 500 pieds de colonne d'ascension, je mets ce que contient leur grosseur en moyenne, ils peuvent contenir 4 litres d'eau par pied, ainsi 500 pieds à 4 litres par pieds donnent 2,000 litres d'eau dans la colonne, par conséquent le poids de 2,000 kilos ; on va voir par ce calcul que ces idées ne seraient que des illusions, comme je l'ai démontré dans mon Recueil, que les sources ne proviennent que de l'eau pluviale qui

filtre au travers les pores de la terre jusqu'aux veines
des sources, et que ces sources serpentent dans la
terre toujours en descendant par le poids de l'eau,
jusqu'à ce que cette eau trouve un bassin de terre
grasse qui la maintienne dans son impasse, qui sont
les sources mortes, une fois que cette eau n'a plus
d'issue pour sortir.

Alors si le gaz venait à croître dans ces impasses
pour comprimer ce poids de 2,000 kilos, cette force de
gaz comprimé qui passerait dans cette impasse refou-
lerait l'eau par les sources qui alimentent ces impasses,
et ces sources comprimées remonteraient leurs eaux à
la surface du sol, jusqu'à voir bouillonner l'eau au
travers les pores de la terre, et les puits de premières
sources seraient baignés et dégradés par ce refoulement
d'eau qui serait poussé par la force de cette compression au-dessus de leurs sources conductrices à s'infiltrer
dans tous les sens dans la terre.

RÉFLEXIONS.

D'après toutes mes pensées renfermées dans mon ouvrage, je donne ici un aperçu de la terre à la suite des siècles.

Quand la plus grande partie des êtres viendrait à périr par le désastre occasionné par l'artifice de l'homme sur l'ouvrage de l'Être suprême, tout ne peut pas être anéanti jusqu'au dernier des êtres, puisque l'homme qui cause ces désastres ne peut pas être épargné du fléau plus que les autres êtres, et à la fin de toutes ces destructions les hommes ne seraient pas assez nombreux pour que leur travail sur une si grande immensité du globe, puisse nuire au travail que Dieu a créé, alors les veines de la terre percées étant abondonnées se reboucheraient peu à peu, la terre reprendrait son vivifiant, et les êtres qui auraient échappés au désastre reprendraient leur splendeur.

FIN DE LA SECONDE ET DERNIÈRE PARTIE.

PARIS.—*Typog. et Lithog. de Soupe, passage du Ponceau, 16-20.*